THE X STORY 3
THE TIME IS COME

FÜR MEINEN EHEMANN

ALLE RECHTE IN DIESEM BUCH SIND
DER AUTORIN VORBEHALTEN

AUTORIN – COVER – BILDER

TANJA FEILER

VORWORT

DIE REIHE UM DR. X BESTEHT AUS:
CHRONIK / CHRONIK II (25 TEILE)
HAYLEY SERIE PART 1 – 6
THE X ZWIELICHT PART 1 – 5
MR. DLF 1 –7
NEU – OFFENSIVE SERIE BISHER 3 TEILE

THE X STORY (INKL. HAYLEYSTORY) IST EINE EXTRA EDITION + THE X STORY 2 – THE BEGINNING

ALLE BÜCHER ENTHALTEN EIN INTRO, SO DASS DER LESER DIREKT MITTENDRIN IST!

INTRO

DR. X HAT 20 JAHRE LANG FELDFORSCHUNG AN MENSCHEN OHNE DEREN WISSEN GEMACHT. DIE X GRUPPE, DASS SIND AUTOREN, THERAPEUTEN, JOURMALISTEN HABEN ALLES AUFGEDECKT. DR. X, BEKEHRT, GEHÖRT AUCH ZUR X GRUPPE, GENAU WIE DER CHIP HAKER PROF. WALKER.

DIE X GRUPPE: BEN XYLIT = DR. X, SETH, KRID, HENRY HAYLEY LEO,

JOANNE, DLF, TF UND RUSS. PHARMAKOLOGEN.

ALLE, DIE IN DER X GRUPPE SIND, HABEN EINS GEMEINSAM: EIN IMPLANTAT, EINEN CHIP IM KOPF. DIE MITGLIEDER DER X GRUPPE WISSEN DAS, EBENSO DASS DURCH EIN MEDIKAMENT DIE PROGRAMMIERUNG DER CHIPS MOEGLICH IST OHNE WISSEN DER BETROFFENEN, CHIP HAKING IN DIE PERSÖNLICHKEIT.
IN DER NEUEN SERIE HAT MR. DLF UEBER ZWEI ERLEBNISSE, DIE VOR UEBER 10 JAHREN PASSIERT SIND, GESPROCHEN UND DAMIT EINE LAWINE INS ROLLEN GEBRACHT —

NACH THE X STORY JETZT PART 2
MIT PROF. WALKER ALS HAUPTFIGUR
INKL. PART 1 & HAYLEY STORY !

RÜCKBLICK THE X STORY

KAPITEL 1 : PROF. WALKER

... PROF. SETH WALKER HAT SICH IN DIE CHIPS DER X GRUPPE HAKEN WOLLEN. DOCH WIE DAMALS BEN XYLIT – DR. X WURDE ER BEKEHRT UND GEHÖRT ZUR X GRUPPE. ALS NEUES MITGLIED BESUCHT ER ALLE, SIE TREFFEN SICH IN HENRYS REDAKTION UND HELFEN SETH. UND ER WILL NUR EINS: DIE X STORY SCHREIBEN. DIE PSYCHOLOGIN HAT SICH AUS DER GRUPPE AUSGEKLINKT, DA SIE IN DEN

STAATEN ARBEITET. DOCH DIE RUSSISCHEN FREUNDE WOLLEN DABEI BLEIBEN, OBWOHL SIE NACH HAUSE ZURÜCK SIND. SIE HALTEN MIT KRID KONTAKT. AUSSERDEM ARBEITET DIE X GRUPPE MIT DEM UNTERNEHMEN ZUSAMMEN, IN DEM DIE PSYCHOLOGIN ARBEITET. UEBER MAIL SCHICKEN SIE BERICHTE UND ERHALTEN EIN HONORAR. DIE GRUPPE HAT EIN GEMEINSAMES KONTO ANGELEGT. SETH IST BEGEISTERT VON DER ARBEITET JEDES EINZELNEN. ER LIEST ALLES, WAS DIE GRUPPENMITGLIEDER GESCHRIEBEN HABEN. HENRY WILL UEBER DAS NEUE PROJEKT

BERICHTEN, ALSO TREFFEN SICH ALLE: DIE X STORY KANN LOSGEHEN !

KAPITEL 2 : REDAKTION

Henry ist es inzwischen gewöhnt, dass seine Redaktion – das Konferenzzimmer – der Treffpunkt für alle ist. Also ist es auch dieses Mal so. Prof. Walker macht die Gruppe darauf aufmerksam, dass Hayley ihre Geschichte auf jeden Fall in die X Story mit einfließen lassen soll. Hayley ist überrascht, doch das Info Material ist da ...

KAPITEL 3 : HAYLEY GRUMPS AUTOBIOGRAPHIE

HAYLEYS AUTOBIOGRAPHIE

MEIN NAME IST HAYLEY GRUMPS UND ICH BIN VON BERUF JOURNALISTIN UND AUTORIN. DURCH MEINEN BERUF BIN ICH DURCH DIE WELT GEREIST — DURCH MEINE FREUNDIN SOLA HABE ICH IHRE FREUNDE KENNENGELERNT: DAS AUTORENEHEPAAR LEO & JOANNE, DEN ZEITUNGSREDAKTEUR HENRY. SIE ALLE HABEN DAFÜR GESORGT, DASS FRIEDEN IST MIT DR. X. DOCTOR X

IST EIN MEDIZINER, DER 20 JAHRE LANG FELDFORSCHUNG AN MENSCHEN OHNE IHR WISSEN GEMACHT HAT. MEINE FREUNDE UND MICH VERBINDET DIE BEKANNTSCHAFT MIT DIESEM ARZT UND DEM CHIP IN UNSEREM KOPF. KÖNNEN SIE SICH NOCH DARAN ERINNERN, DASS VOR ZWEI JAHREN DER PRÄSIDENT DER USA EIN GESETZ VERABSCHIEDET HAT, DASS VORGESEHEN HAT, IN DIESEM JAHR DIE GANZE MENSCHHEIT MIT EINEM CHIP ZU VERSEHEN? DOCH DURCH ANDERE THEMEN WIE KLIMAWANDEL, DIE GESUNDHEITSREFORM IN DEN STAATEN IST DAS WOHL

UNTERGEGANGEN. ES WAR AUCH EIN CHIP GEPLANT, DER UNTER DER HAUT SITZEN SOLL, NICHT WIE BEI UNS IM KOPF. DOCH WIR HABEN IHN, DEN CHIP. NATÜRLICH HAT UNS DAS NACHDENKLICH GEMACHT. NACHDEM WIR KRID RELIEF KENNNENGELERNT HABEN, DER UNS ALLES ÜBER DEN CHIP ERZÄHLT HAT, WISSEN WIR, DASS ES GUT IST, IHN ZU HABEN. JEDOCH NUR DANN, WENN MAN AUCH ÜBER SEINE DUNKLE SEITE INFORMIERT IST. DIE DUNKLE SEITE DIESES CHIPS IST PROGRAMMIERUNG. DAS BEDEUTET, DASS VON AUSSEN JEMAND IN IHRE PERSÖNLICHKEIT EINGREIFEN KANN. DAS BEGINNT MIT

ALPTRÄUMEN. ZUM GLÜCK KENNE ICH SOLA, SONST HÄTTE ICH NICHTS ERFAHREN. DOCH JETZT BIN ICH INFORMIERT, UND MIT DR. X UND EINES SEINER OPFER, EINER PSYCHOLOGIN, DIE SEINE FELDFORSCHUNG WEITER GEFÜHRT HAT, HERRSCHT FRIEDEN. MEINE GESCHICHTE IST DIE DER GRUPPE –

WIE DAMALS APPLAUDIERT AUCH DIESES MAL DIE X GRUPPE. BEN UND SETH SIND BEGEISTERT. BESONDERS DER LETZTE SATZ IST PRÄGEND FÜR DAS PROJEKT X STORY. PROF. WALKER BRENNT NATÜRLICH DARAUF, ÜBER SICH ZU ERZÄHLEN. DAS INTERESSIERT NATÜRLICH ALLE, ERSTENS WEIL ER NEU DABEI IST. SETH ZEIGT SEINE INFOMAPPE.

4. PROF. SETH WALKER STORY

MEIN NAME IST SETH WALKER, ICH BIN PROFESSOR UND GRÜNDER DER SETH WALKER INDUSTRIES (SWI) IN DEN USA. ICH BESCHÄFTIGE MICH SCHON SEIT JAHREN MIT DER CHIPTECHNOLOGIE, HABE SELBST EIN IMPLANTAT. TF HAT MIR ERZÄHLT, DASS IHR DIE FIRST LADY EINE EMAIL GESCHRIEBEN HAT, WODURCH DIE GRUPPE AUF MICH AUFMERKSAM GEWORDEN IST. DAS STIMMT ALLES. ICH HABE DAMALS DIE PLÄNE OBAMAS SABOTIEREN WOLLEN. ALS ICH ÜBER DAS NETZ ERFAHREN

HABE, DASS ES EINE GRUPPE GIBT, DIE EBENFALLS IN DER RICHTUNG FORSCHT UND EIN IMPLANTAT HAT, HABE ICH BEGONNEN, EIN CHIP HAKER ZU WERDEN. DAS MEDIKAMENT, DAS ICH ENTWICKELT HABE UND JETZT X1+ NENNE, HABE ICH ZU DIESEN ZWECKEN EINGESETZT. DOCH ICH BIN GEKEHRT, GEHÖRE ZUR X GRUPPE, WAS MICH SEHR STOLZ MACHT. INSPIRIERT DURCH DIE BÜCHER VOR ALLEM VON DLF SETZE ICH JETZT MEINE FORSCHUNG FÜR SOZIALE PROJEKTE EIN. TROST IST, DASS BEN NOCH VIEL KRASSER VORGEGANGEN IST. ABER AUCH DR.

X IST REHABILITIERT. JEDER DA DRAUßEN SOLL WISSEN, WELCH FANTASTISCHE ARBEIT DIE X GRUPPE LEISTET. THE X STORY IS BORN !

... UND ES GEHT WEITER

PART 2 DAS GESCHENK

PROF. SETH WALKER BEWUNDERT DLF – ER GIBT NIE AUF – TROTZDEM WAS HINTER IHM LIEGT, FORSCHT ER ZUSAMMEN MIT SEIINER FRAU WEITER ! AUS DIESEM GRUND HAT SICH SETH DAZU ENTSCHLOSSEN – SOZUSAGEN ALS GESCHENK FÜR DIE GRUPPE EINEN PART 2 DER X STORY ALS PROJEKT IN ANGRIFF ZU NEHMEN. ER LÄSST BILDER ALLER MITGLIEDER MACHEN UND IN EINER GALLERIE AUSSTELLEN. ER LÄDT DIE GRUPPE EIN, DIE VON NICHTS WAS WEIß UND SICH FREUT. DOCH ER PLANT NOCH

MEHR ...

... TO BE CONTINUED

THE TIME IS COME

PROF. SETH WALKER IST WIEDER ZU SEINEN FREUNDEN GEFLOGEN. KRIDS RUSSISCHE FREUNDE SITZEN NOCH IN IHREM HEIMATLAND FEST. KRID, LEO, JOANNE, HENRY, BEN, DLF, TF, SOLA, HAYLEY – SIE ALLE HABEN SICH ZWAR ÜBER DIE AUSSTELLUNG GEFREUT, DOCH REDEN WALKER INS GEWISSEN, DASS ES IM MOMENT WICHTIGERE SACHEN GIBT. PROF. SETH WALKER HAT WIR KINDER DIESER ERDE GELESEN – ES IST IN DEUTSCH, ENGLISCH UND ARABISCH ERSCHIENEN – DIE 10 JAHRE WIR KINDER DIESER ERDE SOGAR IN ÜBER

30 SPRACHEN – DAS WERK DES GRÖSSTEN FANS VON DLFS BUCH – SEINE FRAU TF. SIE ERZÄHLEN IHM VON IHREM ÜBERRSCHUNGSBESUCH BEI DLF UND TF. DEM AUTOREN – SCHRIFTSTELLER – THERAPEUTENEHEPAAR, DASS SICH SEIT JAHREN FÜR SOZIALE PROJEKTE EINSETZT. DLF UND SEINE FRAU HABEN DIE ANDEREN MIT EINER GESCHICHTE VERSCHONT, DIE VOR ZWEI JAHREN AN MUTTERTAG PASSIERT IST. TF HAT DAS GANZE NUR VERARBEITEN KÖNNEN, IN DEM SIE IN ROMANFORM DARÜBER IN ENGLISCH GESCHRIEBEN HAT. SOVIEL SEI GESAGT : DLF UND TF WAREN

WEGEN EINER VERLETZUNG IM KRANKENHAUS — UND WURDE GETRENNT. DLF IST IN EINEM KELLER AUFGEWACHT — VON POLIZISTEN BEWACHT UND MIT DEN HÄNDEN NACH HINTEN GEFESSELT...
TF HAT IM NORMALEN KRANKENHAUS GELEGEN UND GEFRAGT, WO IHR MANN SEI. DIE ANTWORT : DA MÜSSE ETWAS GEMACHT WERDEN, WOZU SIE HIER DIE TECHNISCHEN MÖGLICHKEITEN NICHT HABEN ...
TF IST DAMALS OPERIERT WORDEN UND HATTE EINE FLASCHE VOLL BLUT AN IHREM RÜCKEN — ZU SCHWACH UM NACHZUFRAGEN ...
ENTSETZEN BEI DER X GRUPPE.

Recherchen sind wohl sinnlos, das einzige Beweismittel das DLF hat, ist eine weiße Hose, die ihm eine Krankenschwester gegeben hat, in der steht der Namen des Krankenhaus ...

Henry regt sich auf. Er würde am liebsten sofort die Sache klären und darüber schreiben. Doch es gäbe noch viel mehr zu erzählen, was dem Ehepaar zugestoßen ist ... Es wird Zeit, die Wurzel des Bösen zu finden – als alles angefangen hat bei DLF –

Die anderen waren noch nicht fertig mit Erzählen. Krid sagte :

JETZT FÄNGT ES AN. NATÜRLICH HABEN WIR UNS ALLE DEN KOPF ZERBROCHEN, WAS ER MEINT – DOCH DANN HAT DAS TELEFON VON HENRY GEKLINGELT UND IM SELBEN AUGENBLICK HAT SEINE KÜNSTLICHE ROSE, DIE ER SCHON LANGE IN EINER BLECHVASE AUF DEM REGAL HAT, ZU WACKELN BEKOMMEN. ES SCHIEN, ALS WÜRDE SIE IHM APPLAUDIEREN. HENRY GING AN SEIN HANDY UND NIEMAND WAR DRAN ...

THE TIME IS COME

BESONDERS DANKE ICH MEINEM EHEMANN

www.ingramcontent.com/pod-product-compliance
Lightning Source LLC
Chambersburg PA
CBHW061238180526
45170CB00003B/1357